職業訓練の種類	普通職業訓練
訓練課程の種類	短期課程 二級技能士コース
改定承認年月日	平成9年2月5日

二級技能士コース
工場板金科

〈選択・曲げ板金加工法〉

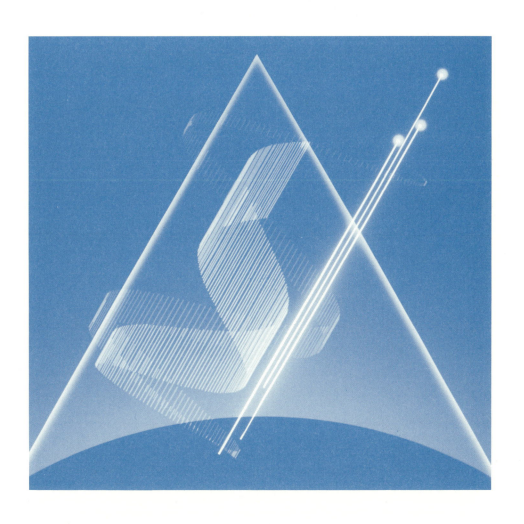

職業能力開発総合大学校 能力開発研究センター編

は　し　が　き

　近年，わが国における機械設備の近代化，生産技術の進歩にはめざましいものがあります。このため各種産業の生産現場において働くかたがたは，これらの新しい事態に対応し得るように，常にその技術・技能を向上させ，その裏づけとなる知識を系統的に身につけることが最も肝要なことです。

　この教科書は，技能検定試験の基準及びその細目に準拠し，工場板金科選択教科目「曲げ板金加工法」教科書として，訓練を受けるかたがたが現場において活躍し得るよう十分配慮し，自学自習できるようにしたものです。

　なお，この教科書の作成にあたっては，次のかたがたに委員としてご援助をいただいたものであり，その労に対し深く謝意を表する次第であります。

作成委員（昭和41年11月）		（五十音順）
伊　藤　光　男		全国板金工業組合連合会
角　本　定　男		安全衛生教育センター
菊　地　七　郎		中央職業能力開発協会
佐　藤　一　郎		職業訓練大学校
鈴　木　和太郎		日野自動車工業株式会社
辻　　　勝　巳		土岐総合高等職業訓練校
波　多　　　朝		海外協力事業団
		（作成委員の所属は執筆当時のものです）
改定委員（平成10年3月）		（五十音順）
神　山　貴　洋		春日部高等技術専門校
坂　本　和　人		小山職業能力開発短期大学校
萬　野　三　男		青森職業能力開発短期大学校
三　浦　公　嗣		小山職業能力開発短期大学校
監修委員		
小　川　秀　夫		職業能力開発大学校

平成10年3月

雇用・能力開発機構
職業能力開発総合大学校　能力開発研究センター

目　　次

第1章　曲げ加工を主とした製品

第1節　製作図の読図・・・1
第2節　板 取 り・・2
　2．1　板取り寸法(2)　2．2　板取り図(5)　2．3　板取りの経済性(5)
第3節　けがき・切断・穴あけ・切り欠き作業・・・・・・・・・・・・・・・・・・・・・7
　3．1　けがき作業(7)　3．2　切断作業(8)
　3．3　穴あけ作業(10)　3．4　切り欠き作業(12)
第4節　曲げ作業・・12
　4．1　折曲げの順序(12)　4．2　手作業による曲げ(13)　4．3　機械による曲げ(14)
第5節　測定と検査作業・・・・・・・・・・・・・・・・・・・・・・・・・・・・・・・・・・・・・・・16
　5．1　測定作業(16)　5．2　検査作業(17)

第2章　展開と湾曲曲げのある製品

第1節　製作図の読図・・・21
第2節　展 開 図・・22
　2．1　円筒部分の展開(板取り)(22)　2．2　だ円すい部分の展開(22)
第3節　曲げ作業・・24
　3．1　へり巻き作業(24)　3．2　円筒曲げ作業(24)　3．3　だ円すいの曲げ作業(25)
第4節　だ円すいと円筒側面の突合せ溶接・・・・・・・・・・・・・・・・・・・・・26
　4．1　溶接の準備作業と安全(26)　4．2　溶接作業(27)
第5節　だ円すいのつば出し作業・・・・・・・・・・・・・・・・・・・・・・・・・・・・・・28
第6節　だ円すいと円筒の組立て作業・・・・・・・・・・・・・・・・・・・・・・・・・・29
第7節　測定と検査作業・・・・・・・・・・・・・・・・・・・・・・・・・・・・・・・・・・・・・・29

第3章 アーク溶接部品

第1節 製作図の読図‥‥‥‥‥‥‥‥‥‥‥‥‥‥‥‥‥‥‥‥‥‥31

第2節 板 取 り‥‥‥‥‥‥‥‥‥‥‥‥‥‥‥‥‥‥‥‥‥‥‥‥32

　　2.1 A部品の板取り寸法(32)　2.2 各部品の組合せによる板取り(32)

第3節 けがき・切断・穴あけ作業‥‥‥‥‥‥‥‥‥‥‥‥‥‥‥‥34

　　3.1 914×1829mmの板からの組合せ部品の切断(34)

　　3.2 曲げ，穴あけ，アーク溶接による組立てのためのけがき(35)　3.3 穴あけ(35)

第4節 曲げ作業‥‥‥‥‥‥‥‥‥‥‥‥‥‥‥‥‥‥‥‥‥‥‥‥36

第5節 アーク溶接による組立て作業‥‥‥‥‥‥‥‥‥‥‥‥‥‥‥36

　　5.1 アーク溶接作業の準備(36)　5.2 アーク溶接作業(37)

第4章 リベット締めによる部品の組立て

第1節 製作図の読図‥‥‥‥‥‥‥‥‥‥‥‥‥‥‥‥‥‥‥‥‥‥39

第2節 リベット締め作業‥‥‥‥‥‥‥‥‥‥‥‥‥‥‥‥‥‥‥‥41

曲げ板金加工法

　本編は共通教科書第1編工場板金加工法一般から始まるこの教科書のまとめとして，いくつかの製品形状を示して学習者の知識と実技における技能を結びつけることを目的としている。

第1章　曲げ加工を主とした製品

第1節　製作図の読図

　図1－1に示す曲げ加工を主とした製品はスチール家具，配電盤のパネル，テレビやOA機器のシャーシ等数多くのものがある。

　ここでは共通教科書第5編製図で学んだ事柄を復習しながらこの製品の形を頭に描いていこう。

　図1－1は第三角法で表現されており，右側面図は断面図で表されているから板厚は実線で描かれている。図面は第一角法と第三角法の2つの表し方があることはすでに学んだが，どちらの画法によって表されているか確認することが必要である。

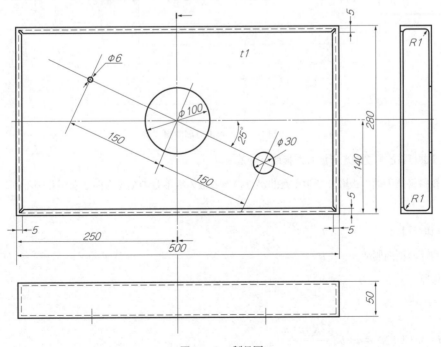

図1－1　製品図

第2節 板 取 り

2．1　板取り寸法

（1）　概略のa_1，b_1の寸法

$a_1 = 500+50+50+5+5 = 610$

$b_1 = 280+50+50+5+5 = 390$

　この概略の$a_1=610$mmと$b_1=390$mmで板取りをして曲げると，曲げRの部分の寸法差が生じて製品が大きくできてしまう。

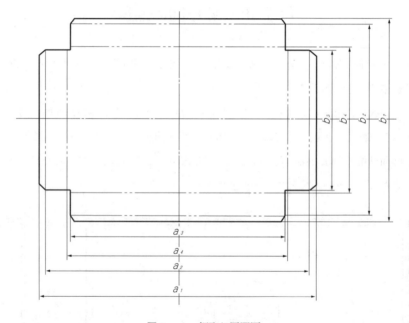

図1－2　板取り展開図

（2）　曲げRと中立軸を考慮した板取り寸法

　共通教科書第1編の板取りで学んだ曲がりのある板の板取りの項を参照しながら図1－3を考えよう。

　　板取り長さ　　　　：L

　　曲げの板内側R　　：R

　　板厚　　　　　　　：t

とすれば，

$$L = a+b+XY = a+b\frac{(2R+t)\pi}{4}$$

で表される。しかし一般に図面等でa, bの寸法が示されることは少なく普通A, Bの寸法が示されている。

$a=A-R-t$

$b=B-R-t$

であることは図1－3から明らかである。このことを頭に入れて図1－2のa_1, b_1を求めてみよう。

$a_1=(500-2-2)+(50-2-2)+(50-2-2)$
$\quad +(5-2)+(5-2)+4\left[\dfrac{2+1}{4}\pi\right]=603.42$

同様に，

$b_1=(280-2-2)+(50-2-2)+(50-2-2)$
$\quad +(5-2)+(5-2)+4\left[\dfrac{2+1}{4}\pi\right]=383.42$

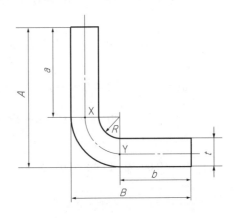

図1－3　曲げの板取り

すなわち（1）で求めた概略寸法より6.58mm短くてよいことになる。曲げの部分が4箇所あるから1箇所につき1.64mm短くなることになる。

（3）　曲げ位置のけがき寸法

a．かげたがね，V曲げ型による曲げのけがき寸法

図1－4に曲げ線を示すけがき線とかげたがねまたはV曲げ型との関係を示してある。けがき線は，曲げの内側の板の表面にP線としてけがいてあるが，実は中立軸のQ線の代わりとしてP線を引いたと考えてよい。

図1－4

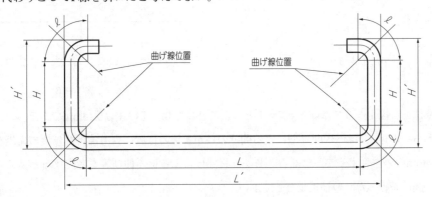

図1－5　曲げ位置のけがき寸法

図1-5を参照しながらa_4, a_2を求めてみよう。

$$a_4 = \ell/2 + L + \ell/2 = L + \ell = (L'-2t-2R) + \frac{(2R+t)\pi}{4}$$

$$= (500-2-2) + \frac{(2+1)3.14}{4} = 498.36$$

$$a_2 = \ell/2 + H + \ell + L + \ell + H + \ell/2 = L + 2H + 3\ell$$

$$= (L'-2t-2R) + 2(H'-2t-2R) + 3\frac{(2R+t)\pi}{4}$$

$$= (500-2-2) + 2(50-2-2) + 3\frac{(2+1)3.14}{4} = 595.06$$

同様にしてb_4, b_2を求めると,

$$b_4 = (280-2-2) + \frac{(2+1)3.14}{4} = 278.36$$

$$b_2 = (280-2-2) + 2(50-2-2) + 3\frac{(2+1)3.14}{4} = 375.06$$

b. 万能折曲げ機による曲げのけがき寸法

図1-6に万能折曲げ機による曲げの場合のけがき線の合わせ方を示してある。曲げけがき線はP'でありQ'YZの長さは,

$$L' = A - t$$

となる。

よって, 図1-5で示した曲げ位置とは差があることになる。

図1-5では,

$$\frac{\ell}{2} = \frac{1}{2} \cdot \frac{(2R+t)\pi}{4} = 1.18$$

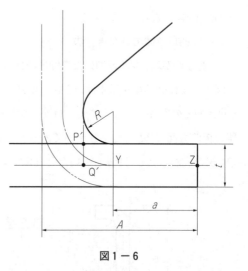

図1-6

とした寸法を, 図1-6ではQ'Y=R=1としたことになり, その差は0.18mmである。

すなわち, かげたがねやV曲げ型による曲げのけがき線の位置に, 万能折曲げ機の先端を合わせると0.18mmの差を生ずることになる。しかし折曲げによる板の伸び等を考慮すると, この程度の差は試し曲げを行った時の補正量としてよい。

(4) 切欠き部分のけがき寸法

図1-7に示す角部の状態を考えると板厚分を両端で引けばよい。

$$a_3 = 498$$

$b_3 = 278$

共通教科書第 1 編表 1 － 4 で学んだ割れ止め穴の項を応用すると，切欠き部分の形状は図 1 － 8 のようになる。

また 5 mm 幅の曲げ部両端の C 面は，曲げ線の両端からの寸法とすれば，

$$L = (5-1-1) + \frac{1}{2} \cdot \frac{(2+1)3.14}{4} = 3 + 1.18$$

$$= 4.18 \fallingdotseq 4$$

となる。

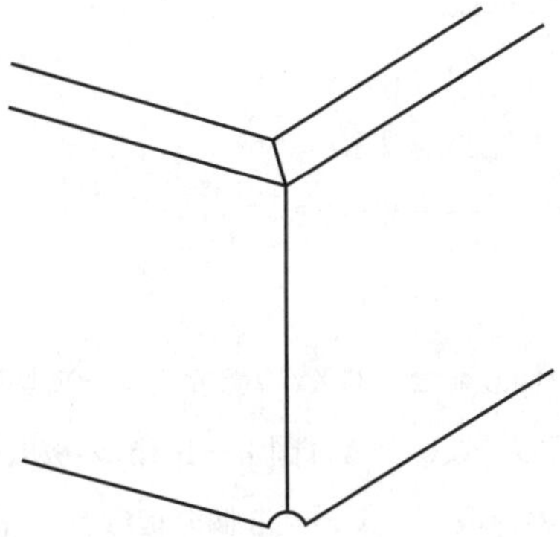

図 1 － 7

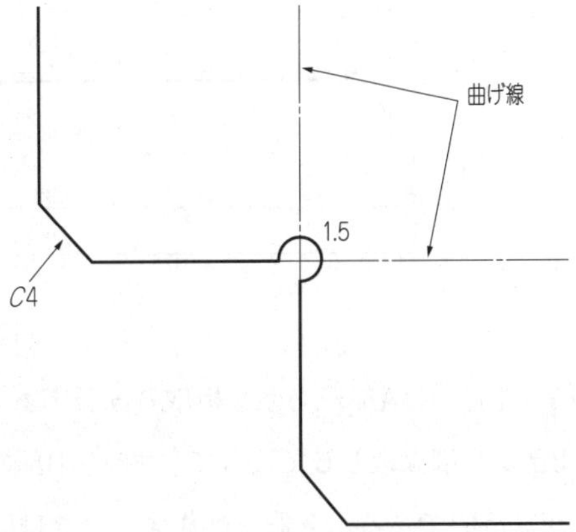

図 1 － 8

一般に板厚 1 mm 以下の薄板を曲げる場合，板厚分くらいの量を板取り幅から引いて板取りすることが行われている。曲げ箇所が 1 箇所の場合は誤差も少なくてすむが，曲げ箇所が多くなると誤差が累積されてくる。

2．2 板取り図

2．1 で検討した板取り寸法をまとめて板取り図を図 1 － 9 に示す。ただし小数点以下の数字は四捨五入してある。

2．3 板取りの経済性

図 1 － 9 の板取りをするに当たって板取りの経済性を考慮しなければならない。

914 × 1829 mm（3′ × 6′，さぶろく）

の板から 1 個，2 個，3 個，n 個を取ることを考えてみよう。

6 曲げ板金加工法

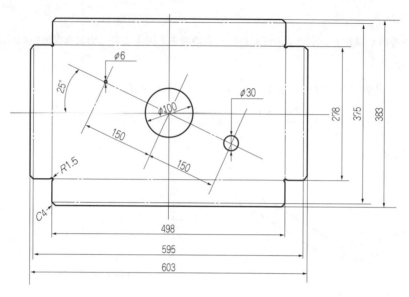

図1-9

　図1-10(a)はA部が必要な板取り部分であるが，A部の切りおとしにXYの線でシャーで切断すればB部が半端な板として残ってしまう。B部の用途がただちにないときは図1-10(b)の板取りのほうが経済的である。2個を製作するときは図1-10(c)の板取りがよい。3個の板取りは(d)が経済的である。同様に4個，5個，6個の板取りを考えればよい。

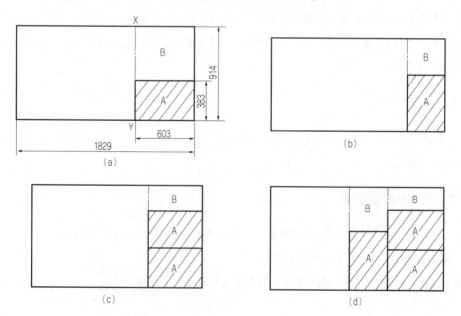

図1-10

第3節　けがき・切断・穴あけ・切り欠き作業

　けがき作業以降の作業用安全保護具としては，軍手または皮手袋がよい。ただし後で述べるボール盤作業は除く。軍手，皮手袋は安全保護具の役目と同時に，製品に汗によるさびを発生させることを防止するのに役立つ。

3．1　けがき作業

　図1－11に示す板取り寸法を板にけがく順序は一般に次のとおりである。

①　大板のけがきを行う角部の直角を調べ，もし直角でなければ切り捨てを行うけがきを入れる。

②　外形寸法603mmと383mmのけがきを行う。

③　外形寸法603mmと383mmの中心線（振り分け）をけがく。板が大きくて扱いにくい時は，次の3．2で述べる板切り（外形切断）を先に行ったほうがよい。

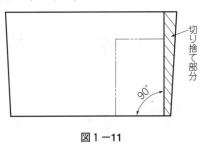

図1－11

④　折曲げ線をけがく。この製品の場合は同時に切り欠き線もけがける。

⑤　4Cの面取り線をけがく。

⑥　25°傾いた穴あけ中心線をけがく。

⑦　φ30，φ6の穴あけ中心線を25°傾いた線上にけがく。

⑧　φ100，φ30，φ6，割れ止め穴φ3の中心にセンタポンチを打つ。

⑨　φ100，φ30，φ6，φ3をコンパスでけがく。

⑩　同上穴の捨て線をコンパスでけがく。

⑪　同上穴のけがき線上に目打ちポンチを打つ。

このけがき作業には下記のけがき用工具が必要である（図1－12）。

　　スケール（600mm）

　　けがき針

　　コンパス

　　センタポンチ

　　片手ハンマ

　　スコヤ

8 曲げ板金加工法

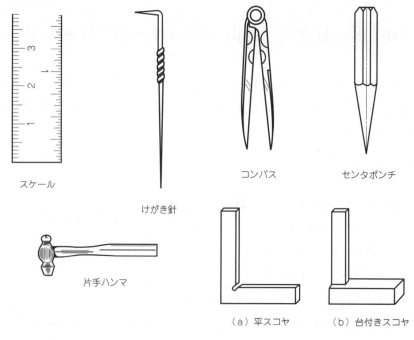

スケール　けがき針　コンパス　センタポンチ　片手ハンマ　（a）平スコヤ　（b）台付きスコヤ

図1-12

3.2 切断作業

（1）金切りばさみによる切断

金切りばさみは図1-13に示す直刃か柳刃を用いる。

大板から切断をするときは，大板を作業台等の上に乗せ，作業姿勢が良い状態として切断作業を行う。

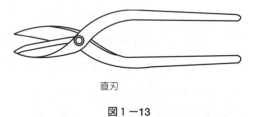

直刃

図1-13

（2）電気ばさみによる切断

電気ばさみは図1-14に示す使い方がされる。電動機を内蔵し，その回転を歯車で減速した後，クランク機構で上刃を上下運動させる構造になっている。切断力に電動機の力を使用するので人力は軽減され切断速度も速い。また電気ばさみは曲線切断も可能である。これらのことからけがき線上を電気ばさみで切断するときは，けがき線から外れないよう細心の注意が必要である。

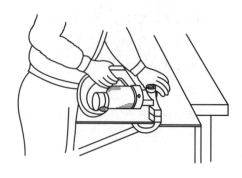

図1-14

（3） シャーによる切断

図1-15に示す足踏みシャーあるいは図1-16に示す動力シャーで切断する場合，その機械の取扱いを十分に熟知することが安全上大切である。

a. 足踏みシャーの作業順序

① 板押さえレバーを引いて板押さえが働くか調べる。

② 踏み板をゆっくり踏み，上刃を下降させ刃合わせを調べる。

③ 材料をテーブルにのせシャー刃の間に入れる。

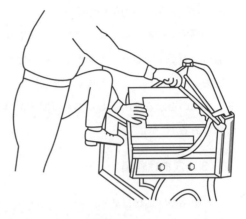

図1-15

図1-16

④ 真上より見てけがき線を下刃に合わせる（図1-17）。
⑤ 板押さえレバーを引き材料を確実に押さえる。
⑥ 手を刃部より離して踏み板を強く踏んで切断する。
⑦ 踏み板から足を離し上刃を上昇させる。

足踏み式シャーでは，板を切断するとき以外は踏み板に足をのせないことと，踏み板に足をのせたとき手が刃部より離れていることが安全上特に大切である。

図1-17

b. 動力シャーの作業順序

① 起動スイッチを入れる。

② モータ回転が定常になったらペダルを踏み，板押さえ等各部の動きを観察し異常がないか確認する。

③ 材料をテーブルにのせシャー刃の間に入れる。

④ けがき線を下刃に合わせる。

⑤ 両手を材料からはなし自分の体のほうに引きペダルを踏む。

⑥ 上刃が下降したらペダルから足をはなす。

　動力シャーにおいても切断するとき以外ペダルに足をのせないこと，およびモータが回転しているときはいかなる理由があっても板押さえの下またはシャー刃の中には手を入れないことが安全上大切である。

3.3 穴あけ作業

　この製品の穴あけは $\phi3$，$\phi6$，$\phi30$，$\phi100$の4種類の穴があり，$\phi3$，$\phi6$は電気ドリルまたは卓上ボール盤で穴あけができる。$\phi30$，$\phi100$はドリルでは穴あけができない。$\phi100$は金切りばさみのえぐり刃で仕上げ切りまでできるが，その下穴と $\phi30$ は最も穴あけがやりにくい大きさである。

（1）$\phi3$，$\phi6$のドリルによる穴あけ

　図1-18に示す卓上ボール盤または図1-19に示す電気ドリルにドリルを装着して穴あけを行う。ドリルの研ぎ方が悪いとセンタポンチを打ってあけても芯ずれを起こしやすい。ドリルの研ぎ方は共通教科書第2編機械工作法のドリルの項を参照のこと。ドリルによる穴あけ作業の主な作業順序を次に示す。

図1-18

図1-19

① ドリル先端切れ刃の部分とシャンク部分を点検し異常がないか確認する。

② ドリルをチャックに差し込みチャックハンドルで確実に締め付ける。

③ スイッチを入れて少しの時間回してドリル先端に振れがないか確認する。

④　工作物を固定する。ボール盤のテーブルに板を固定する方法は図1-20の(a)，(b)，(c)がある。(b)と(c)は確実な固定方法である。(a)は穴径が小さいとき工作物に与えられる回転力を押さえるボルト等をストッパとしてテーブルに止めておく方法である。

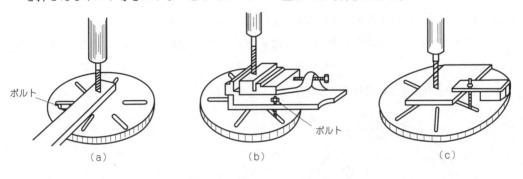

図1-20

⑤　ドリル先端を静かに近づけスイッチを入れ，ドリルを回転させ，穴をあけ始める。
⑥　穴あけ抜けぎわは軽く力を加えて，ドリルの食い込みを防止する。
⑦　ドリルを静かに抜く。
⑧　スイッチを切る。

なお卓上ボール盤の場合は主軸の回転数をドリル径，工作物の材質によって変えられる段車調整，歯車選択装置がついているので必要な回転数に調整すること。

本節の最初に述べたように板金作業の場合，多くは軍手等の手袋を着用したほうが切削によるけがを防ぐとともに汗によるさびの発生の防止に役立つが，ボール盤作業のときはドリルに手袋が巻きつき大けがとなるので手袋は着用しない。

（2）　$\phi 30$の穴あけ

板厚1mmくらいのとき$\phi 15$くらいから，$\phi 70 \sim 80$くらいまで最も穴あけがしづらい穴径である。プレス機械と所定の穴が加工できる金型があるときは，プレス抜き加工が作業も速いし，仕上がりもよい。ここではドリルによる穴あけとやすり仕上げによる方法を述べる。

①　図1-21に示すように任意の径の小穴を互いに接し，$\phi 30$径にやや接するようにあける。

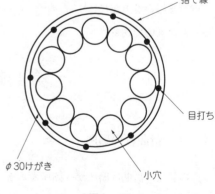

図1-21

②　小穴の間のつながった部分をたがねで切断する。
③　$\phi 30$のけがき，目打ちポンチマーク，捨て線を目あてに丸やすりまたは半丸やすりで仕上げる。

（3） φ100の穴あけ

① A部の穴は前項で説明したφ30の穴あけと同じドリルとたがねで金切りばさみのえぐり刃が使える程度の穴をあける。

② Aの穴にえぐり刃ばさみを図1-23に示す要領で刃先を入れる。

③ 図1-22の点線矢印に示すように，1度φ100径のやや内側で穴あけしたのちφ100径の仕上げ切りをする。

④ 半丸やすりではさみ切りのかえり等の仕上げをする。

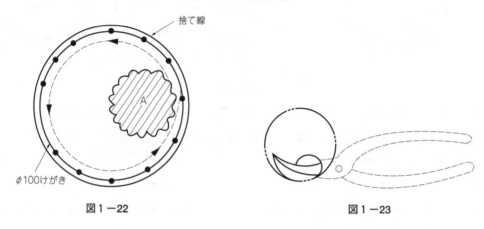

図1-22　　　　　　　　　　　図1-23

3.4　切り欠き作業

図1-9に示す四隅の切り欠きは直刃か柳刃金切りばさみまたは電気ばさみで行う。このとき割れ防止にあけたφ3の穴が切り込みすぎを防止するのに役立つ。

機械を用いる方法には，コーナシャーが一般に用いられる。けがき線と切れ刃とを確実に合わせることが大切である。

第4節　曲げ作業

4.1　折曲げの順序

この製品は折曲げ箇所が8箇所あるが，外側の折曲げを最初に行い図1-24の形にする。もし誤って内側の曲げを最初に行うと図1-25または図1-26のように完全に直角に曲げることができなくなる。

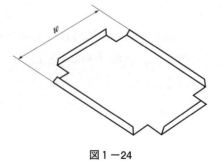

図1-24

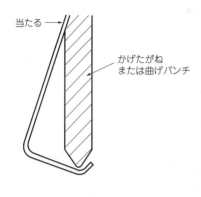

図1−25 かげたがねまたは
V曲げによる曲げ

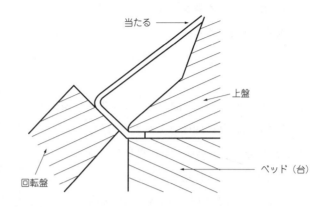

図1−26 万能折曲げ機による曲げ

4．2 手作業による曲げ

手作業による曲げ方法としては，共通教科書第1編第4章第1節1.3に示す折り台による曲げ方法とかげたがねによる方法とがある。この製品の場合，板厚が1mmであり，折り台による曲げは厚すぎて不適当である。

（1） かげたがねによる曲げ作業順序

使用する工具はかげたがね，片手ハンマ，ゴム板，かたな刃，からかみハンマ等である。

① 定盤の上にゴム板をのせその上に材料をのせる（図1−27(a)）。

② 折曲げ線を左右方向にし，かげたがねを図(b)のB点線のように倒し，かげたがねの刃先と

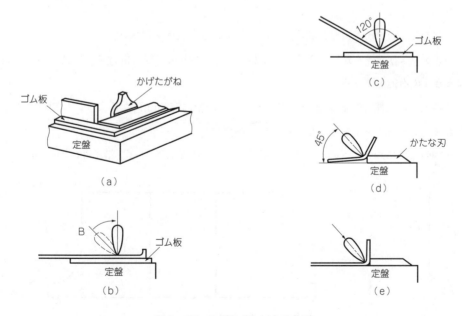

図1−27 かげたがねによる曲げ

14　曲げ板金加工法

折曲げ線の位置を見ながら図(b)の実線のようにかげたがねを起こしながら、刃先を折曲げ線に合わせ垂直にする。

③　かげたがねの刃先が、折曲げ線からはずれないように注意しながら、かげたがねの頭部を片手ハンマでたたく。

④　板が約120°くらいに曲がるまで繰り返す（図(c)）。

⑤　図(d)のように曲げ部をかたな刃（当て板）に当て、かたな刃が移動しないよう図1-28のように足で押さえる。

⑥　かげたがねを水平に対し45°傾けて曲げ線にあて、材料をかたな刃のほうに引きよせるようにかげたがねの頭部を片手ハンマでたたく。

⑦　直角になるまで繰り返す。

⑧　定盤、からかみハンマを用いて曲げ角度、曲げ辺の修正をする。

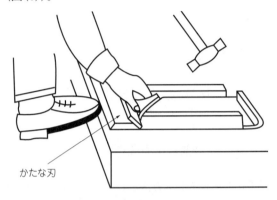

図1-28　かげたがねによる曲げ

4．3　機械による曲げ

（1）　プレスブレーキによる曲げ

共通教科書第1編第4章第1節1.4に示すプレスブレーキを用いて曲げる場合、下記の注意が必要である。

①　パンチおよびダイが板厚、曲げ角度に適しているかどうか調べる。

②　パンチおよびダイを選定したら、同じ板厚の板を使用して試し曲げを行い曲げ角度、曲げによるきずの有無を調べる。

③　この製品の内側280mm幅曲げの場合、パンチの幅は278mmになるように分割パンチを組み合わせリターンベントを考慮してパンチを選択する。

図1-29のように両サイドのパンチを逃げのあるものにしておけば、第1曲げの5mmフランジ

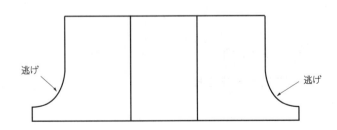

図1-29　両サイドの逃げ

がパンチの端部に当たることが避けられ，製品の変形がなくなる。

(2) 万能折曲げ機による曲げ

共通教科書第1編第4章第1節1.4で説明した万能折曲げ機を用いて曲げる場合，下記の注意と補助具の製作が必要である。

① 5mm幅の第1曲げの場合図1-30(a)，(b)に示すように2つの方法があるが，(b)の場合万能折曲げ機上盤とベッド(台)のくわえ幅が少ないため曲げ線がずれることがある。

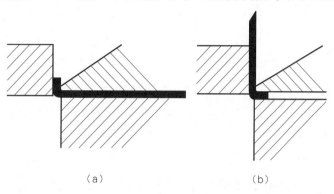

(a)　　　　　　　(b)

図1-30

また図1-30(a)の場合に最初の曲げ線は問題ないが，それに平行な次の曲げの場合，万能折曲げ機の押さえ幅(図1-31のW寸法)が図1-24のw寸法より小さいとき，図1-31に示すはさみ込み補助具を作り用いないと最初に曲げた部分をつぶしてしまうことになる。同様に残りの2辺の曲げを行うときも補助具が必要である。このときの補助具の長さは曲げ長さに合わせる必要があるのは明白である。

② 箱の50mmの高さを求める第2曲げでは，4辺の

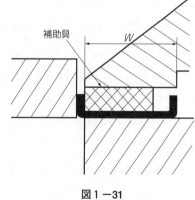

図1-31

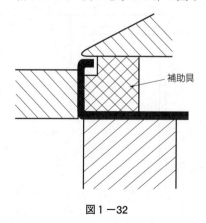

図1-32

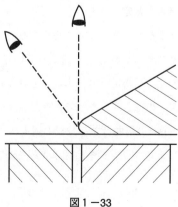

図1-33

曲げに補助具が必要である。図1-32に補助具の使用状態を示す。長さは2種類となる。
③ けがき線を上盤の端面に対し，どの位置に持ってきたら所要の曲げ寸法が得られるか，同一板厚の板でテスト曲げを行ってみる。また図1-33に示すようにけがき線の見かたによっては，寸法に誤差を生ずるので常に垂直に見るようにすること。

第5節　測定と検査作業

5．1　測定作業

測定とは仕様（発注者の出す注文の具体的な内容）とか設計図（または製作図）に表されている数値（寸法，重量等）が実際の製品1つ1つにおいてどのような数値にできているかを測定具，測定器で調べて記録することである。

（1）　外形寸法の測定

500mmと280mmの曲げ寸法の測定は図1-34に示すように，板に正確に500×280mmの外形寸法をけがき，その上に製品をのせ，まず2辺を合わせる。そして他の2辺がけがき線とどれだけ違っているかを調べる。500×280mmのけがき線の外側と内側に1mmまたは2mm捨てけがき線を入れておけば，製品が正規の寸法よりどれだけ誤差があるか明瞭になる。

さらに製品を反転すれば5mmの折り曲げがある側の寸法が同様に測定できる。

（2）　高さの測定

50mmの高さはノギスにより測定する。このとき5mm折曲げフランジが直角に曲がっていないときは，図1-35のように折曲げ寸法の誤差も含んだ測定となるからノギスのはさみかたはできるだけ浅くする。

（3）　5mmの折曲げフランジの測定

ノギスによりフランジをはさみ4辺を測定する。

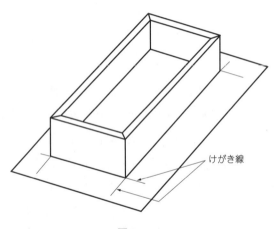

図1-34

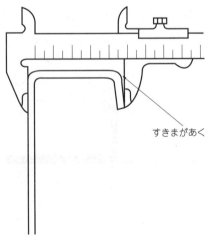

図1-35

（4） 直角度の測定

図1－36のように定盤上に製品をおき，スコヤを定盤面にそわせて製品に当てる。

（5） 平面度の測定

定盤の上に製品をおき四隅を指で軽く押してみて，がたつきがないか調べる。もしがたつきがあればその部分の定盤と製品の浮きをシックネスゲージなどで測る。がたつきがないときは製品を反転させ図1－37のように直定規をあて製品の中央部にすきまがないか調べる。

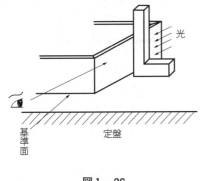

図1－36

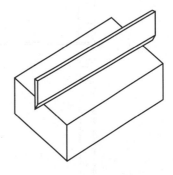

図1－37　直定規による平面度測定

（6） 穴径と角度の測定

$\phi 6$の穴径はノギスにより測定する。$\phi 30$と$\phi 100$の穴径およびこれらの3つの穴が直線上に並んでいるか，25°の角度と位置がよいかを調べるには外径寸法の測定のとき使用したけがき板に$\phi 30$，$\phi 100$をけがく。さらに$\phi 30$と$\phi 100$の穴は1mmか2mm大きい径と小さい径の捨てけがき線を入れる。このけがき板に製品をのせ寸法誤差を調べる。

5.2　検査作業

検査とは発注者の出す仕様・設計図（または製作図）に示された数値，材質等の指示に対して，製品を対比させてその差（誤差）がその製品の用途に適するかどうかを判断する作業のことである。

自分が製作した製品を自分で測定し検査することを自主検査と呼ぶが，製作の重要な過程において行う自主検査は大切なことである。

18 曲げ板金加工法

【練 習 問 題】

下図により次の問に答えなさい。

（1） 見取図として下記(a)，(b)，(c)のうち(a)が正しい。

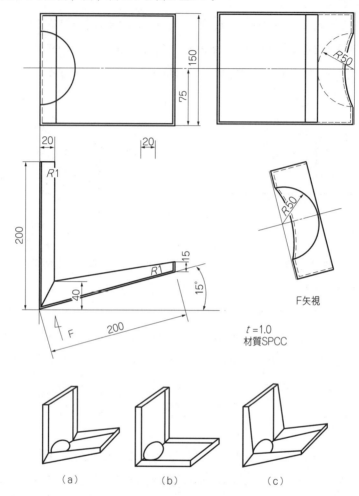

（2） 中央のR50で示される穴の板取り形状として下記(a)，(b)，(c)のうち(b)が正しい。

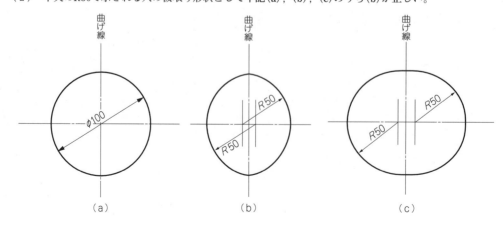

（3） 板取りとして最も長い部分の長さは下記(a)，(b)，(c)のうち(c)が正しい。

   (a)：435 (b)：432 (c)：429

（4） 板取りの外形形状として正しいものは(b)である。

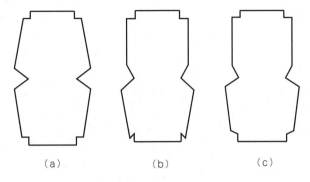

第2章　展開と湾曲曲げのある製品

第1節　製作図の読図

　図2-1に示す展開と湾曲曲げのある製品は，共通教科書第1編第4章で学んだ曲げ加工を主とした製品に比べ下記の作業要素が加えられている。
① 　だ円すいの展開
② 　だ円すいの曲げ
③ 　円筒の曲げ
④ 　だ円すい上下のかり出し
⑤ 　円筒下端のへり巻き
⑥ 　だ円すいと円筒側面の突合せ溶接
⑦ 　だ円すいと円筒のはめ合わせ部の溶接

この製作図ではだ円すい側面の突合せ溶接位置が指定されている。

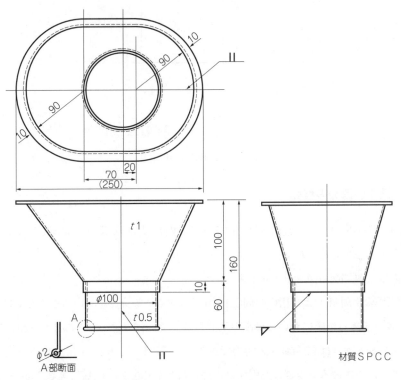

図2-1　だ円すい容器

第2節 展 開 図

2.1 円筒部分の展開(板取り)

円筒部の円周方向の展開長さLは,

$L = \pi \times (100 - 0.5) = 312.4$

高さ方向の寸法は次のようになる。

　　円筒上端よりへり巻き中心まで：h

　　へり巻きしろ　　　　　　　　：x

とすれば(図2-2)、高さ寸法Hは,

$H = h + x = h + (\pi \times d \times 3/4 + d/2)$

$= (60 - 0.5 - 2/2) + (3.14 \times 2 \times 3/4 + 2/2)$

$= 64.2$

よって円筒の板取りは図2-3のようになる。

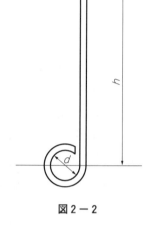

図2-2

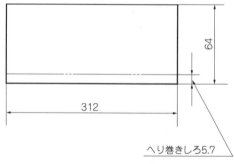

図2-3　円筒部の板取り

2.2 だ円すい部分の展開

　このだ円すいの展開は、共通教科書第1編第6章の板金製品の展開図で説明した切頭斜め円すい等の展開と同じ方法で求められる。

　三角形法による展開図を図2-4に示す。

　平面図のだ円の半周ABおよび円の半周CDを6等分する。等分点を互いにむすんで12の三角形をつくる。実長を求める作図において製品の高さに等しくsmをとり、a1に等しくm1″をとって、直角三角形s1″mをかけばs1″はa1の実長である。同様にして、b2、c3、d4、e5の実長s2″、s3″、s4″、s5″を求める。つぎにだ円すいの高さに等しくtnをとりAaに等しくna″をとって直角三角形ta″nをかけばta″はAaの実長である。同様にして1b、2c、3d、4e、5Dの実長tb″、tc″、 td″, te″, tD′ を求める。これらの実長を辺として順次に三角形をかけば展開図ABCDができる。

　展開図ABCDはだ円すいの半分のものであるからBDを中心にして対称の形を描けば全部の展開図となる。またこの製品においては，上部だ円部および下部円部に10mmの縁出し部分があるからA，1，2，3，4，5，Bの外側に10mm幅の部分を加え，C，a，b，c，d，e，Dの外側に10mm幅の部分を加えたものが全展開形状になる。

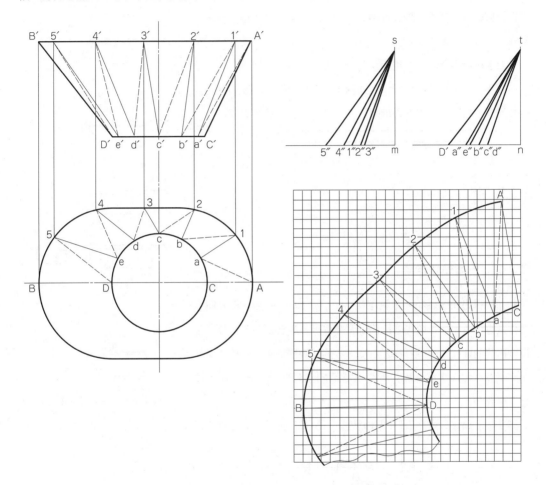

図2－4　だ円すい部分の展開

第3節 曲げ作業

3．1 へり巻き作業

円筒形のへり巻きの場合は図2-5に示すように平板のうちに縁巻きを行う。この場合図2-5のように心金を片側より少し出しておき円筒巻きのとき相手側に差しこむ。

へり巻きの手作業の手順は共通教科書第1編第4章第1節1．3へり巻きの項に示す方法のほか図2-6に示す方法でもよい。

図2-5　へり巻き

3．2 円筒曲げ作業

共通教科書第1編第4章第1節1．3（3）の円筒曲げを参照して作業をするが，この場合片側はすでにへり巻きがしてあり，平板の円筒曲げに比べへり巻きしてある側は剛性があるためスプリングバック量が違うため，がばりではな曲げRの合わせを確実に行う必要がある。

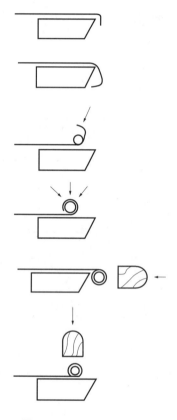

図2-6　へり巻き作業順序

図2-7(a)にはな曲げ作業の状態，(b)に円筒曲げの状態を示す。

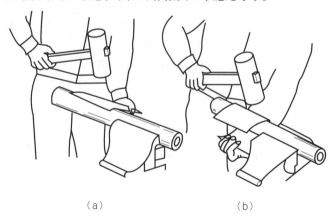

　　　　　　（a）　　　　　　　　　　（b）

図2-7　円筒曲げ作業

図2－8にはな曲げのがばり合わせの状態を示してある。このはな曲げが悪いと図2－9のように円筒の継ぎ目が円形にならない。円筒曲げを行ったものは図2－10の形になる。

この円筒の場合，へり巻きを先に行うため3本ロール機による湾曲曲げはできない。またこの円筒の直径が φ100であるので一般の3本ロール機では径が小さすぎる。

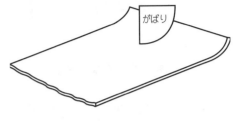

図2－8　はな曲げ合わせ

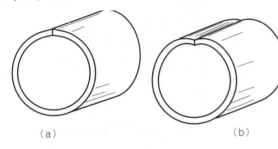

図2－9　はな曲げの悪い円筒曲げ

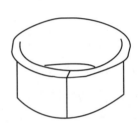

図2－10　円筒部分

3.3　だ円すいの曲げ作業

① だ円すい上部と円筒のはめ合わせ部のがばりを製作する。このがばりには図2－11のように持って合わせやすいようにとってを取り付けるのがよい。

② だ円すいの曲げ作業は汎用の機械で行うことは一般に困難で，前項の円筒の湾曲曲げと同様にパイプと木ハンマで曲げる。

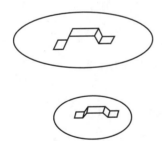

図2－11　だ円すい曲げ加工用がばり

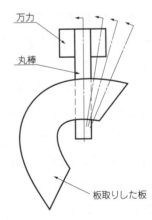

図2－12　だ円すい曲げにおける丸棒の位置

円筒の曲げでは板をパイプの軸に対して平行に送って少しずつ曲げていくが，円すいやだ円すいの場合は展開図を作るときに引いた実線（図2－4の1a，2b等）の方向にパイプと板の関係をずらしていかねばならない。だ円すいの湾曲曲げの場合もはな曲げをがばりに合わせながら確実に行っておく必要がある。順次曲げながら図2－11のがばりで上部，下部の形をみながら形状を整える。

第4節　だ円すいと円筒側面の突合せ溶接

4．1　溶接の準備作業と安全

　製品の板厚が0.5mmと1mmであるから酸素，アセチレンによるガス溶接が適する。図2－13の溶解アセチレンを使用するときは溶解アセチレンボンベを倒して使用しないこと。また酸素・アセチレンボンベが倒れないようにチェーン等で確実に固定する。この他安全上の要点は次のとおりである。

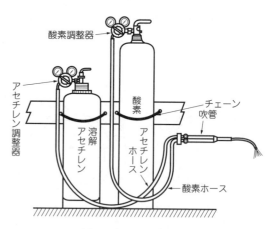

図2－13　ガス溶接器

① 　酸素およびアセチレンボンベの調整器取付け口を向かって左側に向ける。

② 　調整器取付け口のごみを吹き払うため専用レンチで静かに1～2回開閉しガスを放出する。このとき周囲の状況に注意を要する。

③ 　パッキンの有無，損傷を確かめてから調整器を取り付ける。酸素調整器では安全弁の放出方向が容器の肩に向かわないようにほぼ垂直になるように締め付ける(図2－14)。

図2－14　酸素調整器

④ 　調整器にゴムホースを根元まで差し込む。入りにくいときは石けん水をつける。ホースの内径を削ったり油を使ったりしてはならない。ホースバンドで確実にとめる。

⑤ 　調整器のハンドルが十分左回転されているか確認する。

⑥ 　ボンベの弁の開閉は静かに行う。アセチレンの場合1.5回転以上は開かないようにする。また調整器の正面に立たずに右側か左側に位置する。

⑦ 　吹管を取り付け，ホースバンドで確実にとめた後にガス漏れを調べる。

⑧ 　保護めがねを着用する。

　吹管に取り付ける火口は板厚によって決まってくるが，この製品の板厚0.5mmと1mmの場合，A型(ドイツ式)では1番，B型(フランス式)では50～100番が適する。

　着火をした後に炎の調整を行う。溶接のできばえはこの炎の調整により標準炎を得られるかどうかが大きな要素となる。

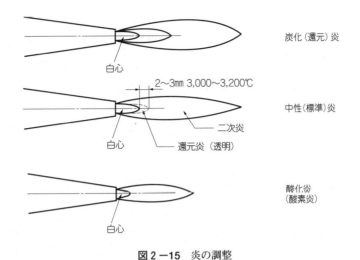

図2-15　炎の調整

4.2　溶接作業

(1)　仮付け

円筒またはだ円すいの溶接線部を水平にしておく。しゃこ万力またはバイスプライヤなどで突合せ溶接部のすきま(ルート間隙)を一定(約0.5～1mm)にする。

図2-16に示すように仮付けは中央から端に対称に行う。板厚方向に段がつかないように間隔は20～30mmとる。

仮付けのとき火口を板に垂直にし板の下側まで溶かし小さく行うこと。仮付けで生じたひずみはハンマと当て金でたたいてとる。

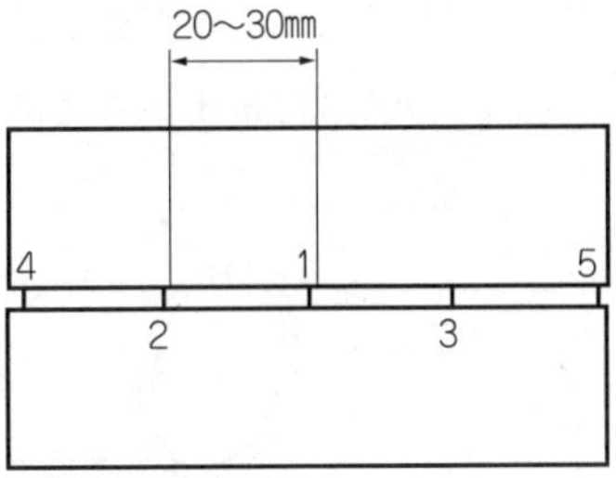

(2)　本溶接

仮付けした製品の溶接線を水平におき図2-17のようにA→Bをまず行い，そのあと製品を置きかえてA→Cを行う。端から続けて行うと溶接の熱応力により割れが生ずることがある。火口と溶接棒は図2-18のように45°の角度を板に対してとる。ただし溶接の端末では溶け落ちが起こりやすいので図2-19のように火口をねかせて熱を逃がす。

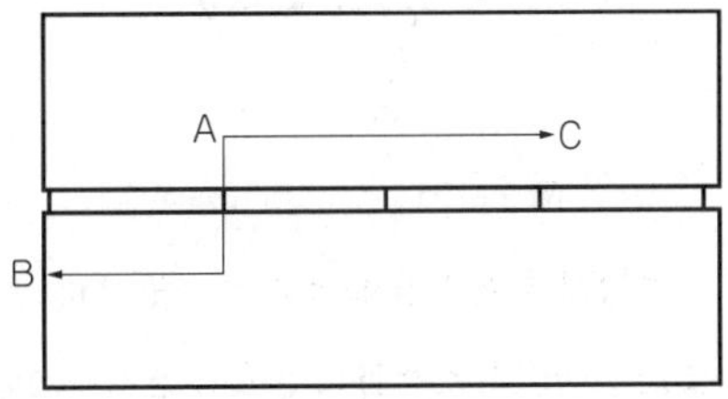

図2-16　仮付けの順序

図2-17　溶接の順序

図2-18　火口と溶接棒の角度

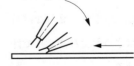

図2-19　板端末での火口角度

（3） ひずみとり

溶接によるひずみをとる。溶接部は熱応力により収縮しているからハンマと当て金（バイスに肉厚パイプまたは丸棒を加えて当て金とするのがよい。）により伸ばす。また全体の形状を図2－11に示しただ円部および円部のがばりにより調べながら修正する。

第5節　だ円すいのつば出し作業

からかみハンマ，こまのつめならしを用いてつば出し作業を行う。作業の状態は図2－20に示す。

こまのつめを当てる位置は，だ円すいの展開図の作製のとき描かれた図2－4のA，1，2，3，4，5，BおよびC，a，b，c，d，e，Dの線である。

このつば出し作業で大切なことは，縁部分を曲げるのではなく，伸ばすつもりで作業をすることである。

最初は図2－21に示すように，こまのつめの上面と製品の角度 α を少なくしてたたきのばすようにしながら製品を回す。

図2－20　つば出し作業①

図2－22(a)に示すように製品をだんだん立てながら，図(b)のようにつば部が平らになるまで繰り返す。

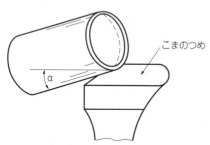

図2－21　つば出し作業②

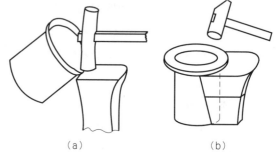

図2－22　つば出し作業③

つば部をたたき伸ばさずに折り曲げると，つば部の根元に図2－23に示すようなへこみが生ずる。また平均にたたき伸ばさないと変形が起こり修正が困難となる。

だ円部のつば出しおよび円筒部のつば出しを行い，図2－24のようにコンパスで所定の寸法にけがき，余分な部分をはさみおよびやすりで仕上げる。

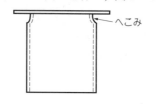

図2－23　凹みを生じたつば出し

図2－24　つば出し部分のけがき

第6節　だ円すいと円筒の組立て作業

だ円すいと円筒の組立て作業の結果として起こる欠陥は図2-25に示すものがある。

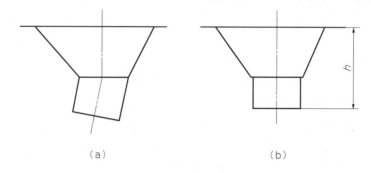

図2-25　組立て溶接後の欠陥

図(a)はだ円すいの軸に対して円筒の軸が曲がって組み立てられたものを示し，図(b)は両者の軸は一直線になっているが高さhが製作図と違った寸法になることを示している。

図2-26のようながばりを製作し，定盤上にだ円すいのだ円部を置き，高さhと曲がりを見られるようにして組立て溶接の仮止めを行うのがよい。

仮止め後，溶接が下向きになるように製品を置き，製品を順次回しながら本溶接を行う。

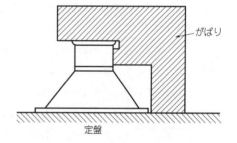

図2-26　がばりによる組立て溶接

第7節　測定と検査作業

（1）平面度
定盤上にだ円部を置き，定盤とのすきまの最大のところを測定する。同様にへり巻きをした円筒部の測定を行う。

（2）高さの測定
図2-26に示したがばりにより行う。がばりの定盤に当たる部分にすきまが生ずるときは，そのすきまよりやや厚い板をがばりと定盤の間にはさみ，がばりと円筒の間にすきまをつくりはさみ込んだ板厚を差し引いた寸法が製品寸法となる。円筒直径を横切るがばりと円筒両端の寸法差により円筒軸の曲がりがわかる。この測定はトースカンまたはハイトゲージによっても行うことができる。

（3）だ円すいの円筒の外形寸法
だ円すいとつば出し部の外形は，展開図を製作したときの平面図につばしろを書き込めば調べる

30　曲げ板金加工法

ことができる。だ円すいと円筒の内径は，図2－11に示すがばりを内径寸法より1～2mm小さく
したものを製作して行う。円筒部の測定はノギスにより行うこともできる。

【練 習 問 題】

図2－1を見ながら下記の記述を読み，正しいものには○印を，誤っているものには×印をつけなさい。

（1）　図2－1は三角形法でかかれている。

（2）　だ円すい底部のかり出し部分外径は100mmである。

（3）　円筒部のへり巻きしろはへり巻き内径×π×3／4をとればよい。

（4）　だ円すい部分の展開は三角形法により求めることができる。

（5）　図2－1の中には溶接記号が3つ使用してあるが下記のいずれも正しい。

　　①　⟋‖ 記号と ⟋ᴛ 記号はどちらも突合せ溶接を表す。

　　②　⟋ᴛ 記号は矢印のある方から突合せ溶接を行う。

　　③　⟋‖ 記号は矢印の示す裏側から突合せ溶接を行う。

　　④　⟋▽ 記号はすみ肉溶接を表す。

（6）　円筒部のへり巻きは平板のうちにへり巻きをして円筒に巻くよりも，円筒にしたものをへり巻きした
ほうが容易である。

（7）　ガス溶接で円筒またはだ円すいの突合せ溶接をする場合，炎は酸化炎とする。

（8）　だ円すいの突合せ溶接部を図2－1では指定してあるが，この理由は下記のうち②が正しい。

　　①　図面の右側には余白が多く溶接記号が記入しやすい。

　　②　図示の部分は反対側より溶接線が短くかつ湾曲部であり，ひずみ取りや仕上げが容易である。

　　③　指定した部分でだ円すいを展開するのが最も容易である。

（9）　ガス溶接は円すいまたはだ円すいの端部から順次行う。

第3章　アーク溶接部品

第1節　製作図の読図

　図3－1に示す部品の製作を本章で学習していこう。図のような形をしたものは工業製品の一部分として数多く使用されている。それ自体は主役ではないが，影にかくれた大切な部品である場合が多い。似たような形をしているがその部品に要求されている機能はいろいろあり，その特質を理解して製作することが大切である。

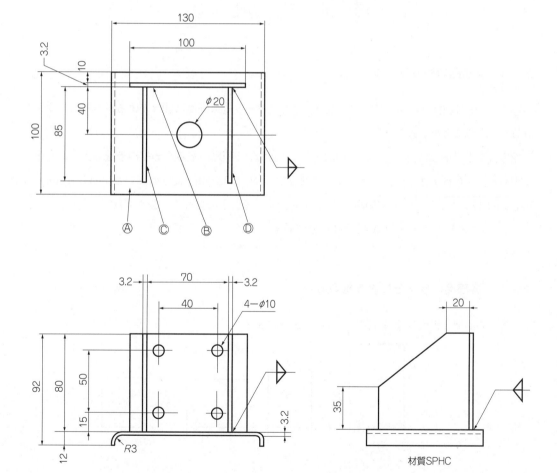

図3－1　アーク溶接による組立て部品

図3－1からその要点を取り出すと，

① 板厚は3.2mmである。

32　曲げ板金加工法

② 曲げ部分は2箇所で，曲げ半径は板の内側で$R3$である。
③ 4つの部品が組み合わされていて，両面のすみ肉溶接である。

図3－2に見取図を示す。見取図中にⒶ，Ⓑ，Ⓒ，Ⓓと記したのは組合せ部品の呼び符号を示してある。

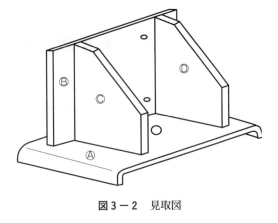

図3－2　見取図

第2節　板　取　り

2．1　A部品の板取り寸法

Ⓑ，Ⓒ，Ⓓは図面寸法がそのまま板取り寸法であるが，Ⓐは両端に曲げがあるから板取り寸法を計算して求める必要がある。

指導書第1章第2節表1－1に簡便法として，曲げRと板厚の組み合わせの板取り長さの変化量を求める表を掲げてあるが，これによって求めると板厚は3.2mmが記されていないから3mmで代用し，曲げRが$R3$のときは1箇所の曲げで4.9mmとなる。よって板取り長さℓは，

$$\ell = 130 + (12 \times 2) - (4.9 \times 2) = 144.2 \fallingdotseq 144 \text{mm}$$

となる。

2．2　各部品の組合せによる板取り

各部品の必要な板取り寸法は図3－3のとおりである。

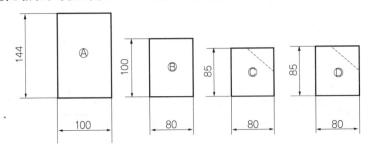

図3－3　各部品の板取り寸法

この各部品の形の組み合わせにより板取りの方法を考えてみよう。

図3－4のⒾはそれぞれの部品の短辺をそろえて並べたものであり，Ⓡはそれぞれの部品の長い

辺をそろえて並べたものである。

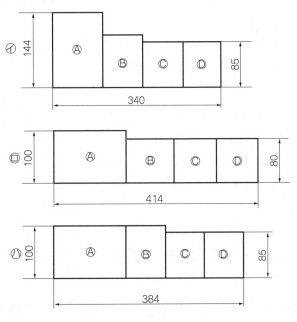

図3－4　組合せによる板取り

㈇はAの部品だけ長い辺を下側にしたものである。

914×1829mm（3′×6′，さぶろく）の板からの板取りの経済性，切断回数を比較検討してみよう。

図3－5からわかるように㈪に比べ，㈭，㈇が材料の経済性からみてよい。

この製品1個だけ作るならば914×1829mmの板から切り取る幅は㈭，㈇ともに100mmで同じであるが，切り取った100mm幅のものから残る材料は㈭の場合長さ500mmであり㈇の場合530mmである。よって他への利用価値を考えたときは㈇の板取りのほうが大きいといえる。もし914×1829mmから板取りをするのでなく手持ちの材料から取ることを考えるとすると必ずしも，㈭，㈇がよいとはいえない。

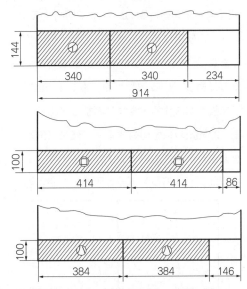

図3－5　914×1829mmの板からの板取り

34　曲げ板金加工法

　200×300mmの大きさの板から板取りするとすれば図3－6のようになる。

　要するに板取りの経済性を考えて，手持ちの板からどのような組み合わせにすればよいか考えることが必要である。

　切断回数の面から見ると914×1829mmの板から図3－4の㋑の板取りの場合は製品1個分の切断回数は7回，㋺の場合，㋩の場合は6回，図3－6の200×300mmからの板取りでは6回，それぞれ切断することになる。

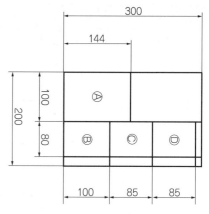

図3－6　200×300mmからの板取り

第3節　けがき・切断・穴あけ作業

　前節図3－4の板取り方法によってけがき・切断・穴あけを進める説明を行う。

3．1　914×1829mmの板からの組合せ部品の切断

　板厚が3.2mmであるから第1章の製品や第2章の製品のように金切りばさみや電気ばさみによる切断はできない。動力シャーで切断する。シャーの使用に当たっては上刃と下刃のすきま（クリアランス）が3.2mmの板を切断するのに適しているか調べる。もし1mm以下の板を切断するすきまに調整してあるままに3.2mmの板を切断すると，機械に無理な力がかかって故障の原因になったり，あるいはシャー刃が欠けたりすることがある。

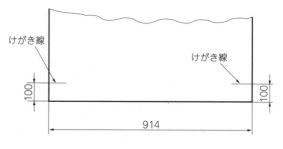

図3－7　大板切断のけがき

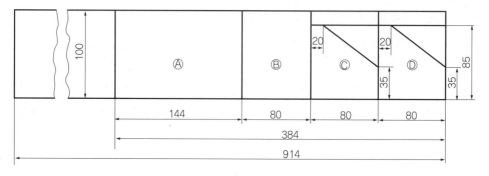

図3－8　組合せ部品切断のためのけがき

図3－7に示すように914×1829mmの板の両端にけがき線を入れ，この線をシャー刃に合わせて切り落とす。同様にして切り落とした100mmの幅の板に④，⑤，⑥，⑦を切断するためけがきを図3－8のように行う。

切断の順序は次に示す。

① 384mmのけがきで切断する。
② 144mmのけがきで切断し④を切り落とす。
③ 次の80mmのけがきで切断し⑤を切り落とす。
④ ⑥，⑦共通の85mmのけがき線で切断する。
⑤ ⑥，⑦の斜めけがきで斜辺を切断する。

この切断作業で注意することは，順次切断が進むにしたがって板が小さくなるのでシャーの板押さえが十分にきいているかどうか調べることである。板押さえがきいていないと切断線がけがき線よりずれてくる。もし板押さえが切断による力にたえられずはずれると，板が上刃と下刃の間にはさみこまれ機械を破損したり，その結果としてけがをしたりするおそれがある。

3．2　曲げ，穴あけ，アーク溶接による組立てのためのけがき

① ④には組立て用の中心線，曲げ線，穴あけおよび⑤の位置を示すけがき線を引く（図3－9(a)）。
② ⑤には組立て用の中心線と穴あけ位置のけがき線を引く（図3－9(b)）。
③ ⑥，⑦には組立て用の中心線を引く（図3－9(c)）。

④，⑤にはセンタポンチを打ち，コンパスにより捨てけがき線をひき，穴あけ作業の準備をする。

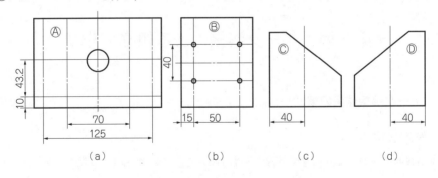

図3－9　組合せ部品のけがき

3．3　穴　あ　け

第1章第3節3．3で述べた順序により穴あけ作業を行う。この部品の場合板厚が3.2mmと厚く，穴径が④では φ20mmと大きいので直立ボール盤による穴あけがよい。φ20mmの穴あけでは芯がずれやすいので捨て線を十分活用して芯ずれが起こらないように注意する。

第4節 曲げ作業

　図3-1のⒶ部品はR3の曲げ半径で両端を曲げるが板厚が3.2mmあり、かげたがねによる曲げ作業は困難である。また万能折曲げ機も一般に薄板用に作られていて、このような厚板の折曲げに用いるのは不適当である。

　よってこのⒶ部品の折曲げはプレスブレーキを使用するのがよい。

　一般にプレスブレーキによるV曲げの場合、ダイの肩幅W(図3-10(a))は板厚の8倍が標準とされているが、このⒶ部品の場合曲げ線より板端まで9.5mmのためダイ肩幅Wを板厚の8倍とすると板端がダイ肩からはずれてしまうことになる(図3-10(b))。

　図3-10(c)のようにダイ肩にやっとかかる状態で曲げると曲げの過程で滑りが起こり曲げ線がずれやすい。よってこのⒶ部品の曲げの場合ダイの肩幅は標準値25mmより小さい18～20mmのダイ肩幅で曲げることになる。製品を曲げる前に残端材を使って試し曲げをして見るとよい。

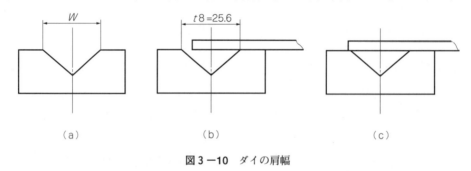

図3-10　ダイの肩幅

第5節　アーク溶接による組立て作業

5．1　アーク溶接作業の準備

（1）　保護具の準備

　アーク溶接のアーク光は強烈な紫外線を発生するから、この紫外線から眼や皮膚を守るためおよび感電防止のために保護具を着用する。準備する保護具は次の5点である。

① ヘルメット
② 前掛け(エプロン)
③ 腕カバー
④ 皮手袋
⑤ 足カバー

（2） 工具の準備

溶接作業に使用する工具は次のようなものである。

① 片手ハンマ

② 平たがね

③ チッピングハンマ

④ ワイヤブラシ

⑤ プライヤ等

（3） 溶接機の準備

図3－11に示す交流アーク溶接機を用いる。一次側および二次側の結線がされていないときは，図3－12に示すような確実な締付けを行って取付けを行う。

図3－11 交流アーク溶接機

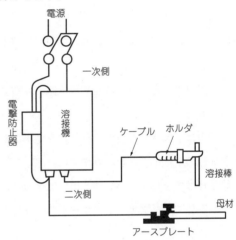

図3－12 交流アーク溶接機の結線

（4） 溶接棒の選択

製品の材質は軟鋼板3.2mmであるから，使用する被覆溶接棒はJISに規定する溶接棒の種類のD 4301のφ3.2mmまたはD 4316のφ3.2mmがよい。

5．2 アーク溶接作業

（1） 仮付けアーク溶接

組合せ部品の位置決め用にけがいてあるけがき線を合わせて仮付けする（図3－13）。

最初の1点の仮付けアーク溶接はできる限り短く行い，けがき線がずれていないか確認する。1点の仮付けアーク溶接でも溶接部の収縮により直角に置いてあった部品も図3－14のように傾いてしまうのであらかじめ逆の傾きを与え仮付けし，ハンマで直角度を修正する。

38　曲げ板金加工法

図3－13　けがき線合わせと仮付け溶接

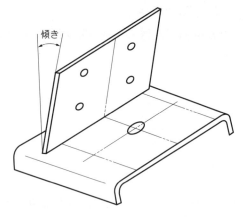

図3－14　仮付けアーク溶接による傾き

（2）　本アーク溶接

　溶接線を水平の位置に置き，両側の母材に均等な溶け込みを与えながら両脚長が等しくなるように運棒する。

　アークは溶融池の進行方向の先端に位置させる。もしアークが溶融池の後方にくるとスラグ巻込みの原因となる。

　溶接の始点は予熱されないので溶け込みが不足しがちであり，反対に溶接の終わりが板の端部になるときは板の溶け落ちが起こりやすい。

　溶接終了後はチッピングハンマを用いて溶接スラグを除き，さらにワイヤブラシで清掃した後に溶接ビードを見てアンダカット，オーバラップなどの溶接欠陥がないか点検する。

【練　習　問　題】

下記のうち正しいものには○印を，誤っているものには×印をつけなさい。

（1）　下記の溶接記号(a)は連続すみ肉溶接を示し，(b)は断続すみ肉溶接を示す。

　　　　　　　　(a)　　　　　　　　　　　　　　(b)

（2）　図3－1の(A)，(B)，(C)，(D)は160×235mmの大きさの板から板取りをすることができる。

（3）　シャー切断に当たって検討する下記各項目はいずれも正しい。

　①　板厚とシャーのクリアランス(すきま)

　②　切り落とし順序

　③　板押さえが確実かどうか

（4）　プレスブレーキに要する力は一般に材質に無関係である。

第4章　リベット締めによる部品の組立て

第1節　製作図の読図

　第3章で学んだ形状の部品をリベット締めによる組立て構造に変えたものが図4－1である。溶接による組立てではその熱影響によるひずみが起こったりまた溶接により材質が硬化したり，非鉄金属では一般に溶接が困難であるが，このような場合の機械的接合の方法としてリベット締めによる組立てが用いられる。

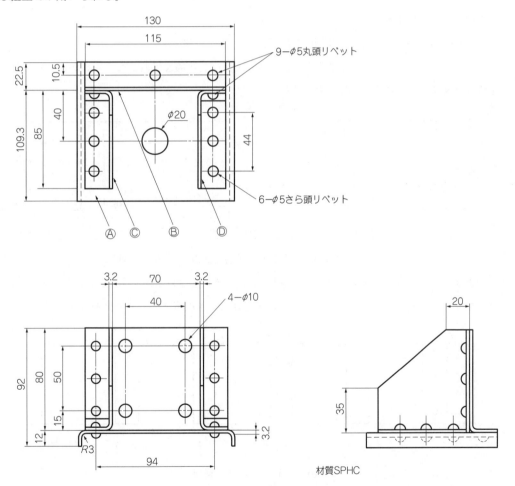

図4－1　リベット締めによる部品

　図4－1のリベット締め組立てでは，5mm径のさら頭リベットと5mm径の丸頭リベットが用いられている。また第3章の図3－1と比較してみるとⒶ部品では両端の曲げを行う幅130mmは

変わらないが，曲げ方向の長さ100mmが109.3mmと長くなっている。Ⓑ，Ⓒ，Ⓓ部品はそれぞれリベット締めのための曲げフランジが追加され，その分だけ板取りは大きくなる。それではこのリベット締めのフランジ長さはどのようにして決まってくるかを図4－2で説明する。

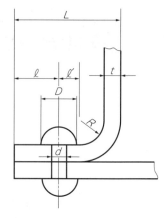

一般にリベット穴の中心と板の端の寸法ℓは，リベットの強さと板の強さのバランスを保つためリベット径dの2倍以上が必要である。よってℓは最低10mm必要である。またℓ'は，リベットの頭の半径に板の曲げR寸法を加えた値が最低必要でありバラツキを考慮すると$\ell'>D/2$にする必要がある。

図4－2　リベットの位置

以上のことから図4－1では，

$L=\ell+\ell'+R+t=10.5+5.8+3+3.2=22.5$

次に5mm径のリベット締めをするためのリベット穴径を決めなければならないが，一般にリベット穴径は表4－1に示す値がとられる。

表4－1　　　　　　　　　　　　　　　リベット穴径

作業別	常温作業					高温作業				
リベット呼び径（mm）	2	3	4	5	6	8	10	12	15	15～40
リベット径の公差（dx）	±0.2	±0.2	±0.2	±0.2	±0.2	±0.2	±0.2	＋0.5 －0.2	＋0.5 －0.2	呼び径より1.2～2.0
穴径（mm）	2.2	3.2	4.2	5.3	6.3	8.5	11	13	16.5	mm大きく

図4－1のリベットの呼び径は5mmであるから穴径は5.3mmとなる。使用するリベットの長さは次のようにして決める。まずリベットの長さはどのように表されるかを図4－3に示してある。図に示すように丸頭リベットでは頭の下の長さで表し，さら頭リベットでは全長で表す。

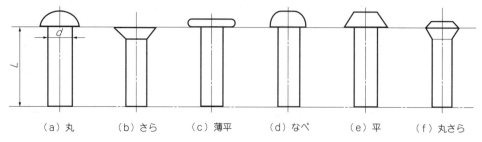

図4－3　リベットの種類

図4－4に示すように密着した板からとび出したリベットの長さを丸頭に成形するときは，成形しろをリベット径の1.5～1.7倍とり，さら頭に成形するときは成形しろをリベット径の0.8～1.2倍とる。

以上述べたことはリベットの材質が軟鋼，銅，黄銅，アルミニウム，アルミニウム合金などの場合においても同様である。

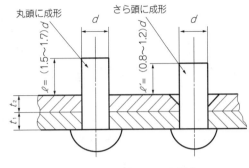

図4－4　必要なリベット長さ

第2節　リベット締め作業

前節で説明したようにリベット径±0.2mmに対して穴径は5.3mmであるから，図4－1のⒶ，Ⓑ，Ⓒ，Ⓓの個々の部品にあらかじめ穴あけを行ってリベット締めすることは，穴あけ作業のとき生ずるバラツキを考えると一般に困難である。方法として片側に穴あけを行って，所定の位置にⒶ，Ⓑ，Ⓒ，Ⓓ部品をハンドバイス等でくわえ，片側の穴を案内して穴あけをするのがよい。

(1)　手打ちによるリベット締め

図4－5に手打ちによるリベット締めの概要を示す。バイスに当て盤（図4－6(d)）をくわえリベットを差し込んだ製品をスナップ上に水平に置く。ぽろし（図4－6(a)）を他の穴の1つに差し込み穴ずれが起こるのを防ぐ。

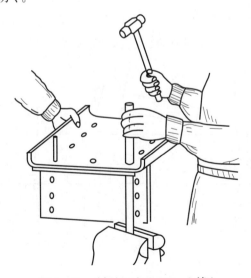

図4－5　手打ちによるリベット締め

42　曲げ板金加工法

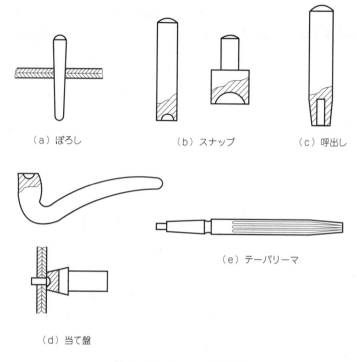

図4－6　リベット締め工具

図4－7(a)に示すようにまず呼出し(図4－6(c))を用いて2枚の板とリベットの頭を密着させる。次にハンマでリベットをたたき図4－7(b)のようにやや成形してリベットを落ち着かせる。最後にスナップ(図4－6(b))をあてスナップの頭をハンマでたたきリベットを成形する。

ぽろしを抜き次のリベット締めを行うが，もしわずかの穴ずれのためリベットの差し込みが困難なときはテーパリーマ(図4－6(e))を使用して穴を修正する。

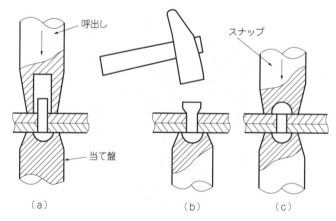

図4－7　手打ち法

(2)　リベット締めの不良の状態とリベットの除去

リベット締めの良否は表面を目で見てそのほとんどを見分けることができる。

図4-8にリベット締めの不良の状態を示す。

このような不良リベットは取り除き打ち直す必要があるが、取り除き方が悪いと穴が変形したり大きくなったりして打ち直しても良くならないことがある。

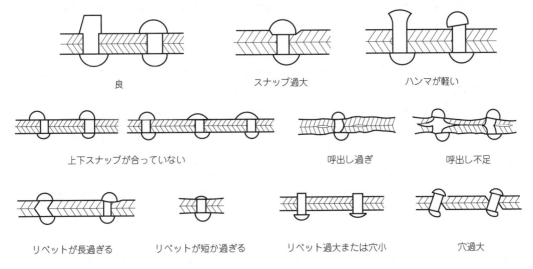

図4-8 リベット締め不良の例

不良リベットの除去には、図4-9に示すようにリベットの頭の中心にリベット径よりやや細いドリルで穴あけをした後に、ぽろしを当ててハンマで打ち出すのがよい。ドリルで穴あけをする側は成形した頭よりリベットに成形されていた頭のほうが望ましい。

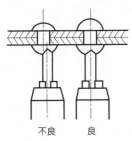

図4-9 リベットの除去

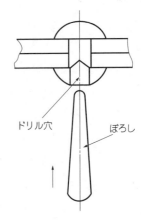

図4-10 ドリル穴とぽろし打出し

44 曲げ板金加工法

【練 習 問 題】

下記のうち正しいものには○印を，誤っているものには×印をつけなさい。

（1） 板ばねなど焼入れしたものは，溶接による組立てよりリベット締めによる組立てが適する。

（2） Ｔ字形に板を接合する場合，溶接で組立てる場合よりリベット締め組立てのほうが，材料は一般に余計に必要となる。

（3） リベットの長さは一般に全長で表す。

（4） リベット締め工具の呼出しは，リベット穴がわずかにリベット径より細いときにリベットを貫通させるために用いる。

（5） リベットの成形しろはリベットの材質により異なる。

二級技能士コース

工場板金科〔選択・曲げ板金加工法〕

昭和41年11月20日　初 版 発 行
昭和55年 6 月10日　改訂版発行
平成10年 3 月20日　三訂版発行
平成14年 5 月20日　 2 刷 発 行

編集者　　雇用・能力開発機構
　　　　　職業能力開発総合大学校
　　　　　能力開発研究センター
発行者　財団法人　職業訓練教材研究会

〒162　東京都新宿区戸山1-15-10　電話　03 (3202) 5671

編者・発行者の許諾なくして，本教科書に関する自習書・解説書
もしくはこれに類するものの発行を禁ずる。